AF496246

PROJETS
D'ARCHITECTURE,
POUR
LES EMBELLISSEMENTS
DE PARIS.

PAR M.-A. CARÊME.

A PARIS,

CHEZ
- L'AUTEUR, rue St-Honoré, n° 404.
- FIRMIN DIDOT, rue Jacob, n° 24.
- BOSSANGE père, rue de Richelieu, n° 60.

DE L'IMPRIMERIE DE FIRMIN DIDOT,
RUE JACOB, N° 24.

1826.

A Sa Majesté

ROI DE FRANCE.

Sire,

Un Français, passionné pour les Beaux-Arts et plein d'amour pour sa Patrie, préoccupé depuis long-temps du désir de voir s'élever quelques Monuments nationaux, vient offrir à Votre Majesté l'hommage d'un Recueil de nouveaux Projets de Monuments destinés à l'embellissement de Paris.

Sire, ces Projets sont destinés à rappeler les plus grands événements de cette époque : le retour de votre auguste famille en France, la campagne de 1823 en Espagne, ce beau fait d'Armes de votre illustre Fils, et la naissance miraculeuse du jeune Prince Henri Dieu-Donné.

Dans ces différentes circonstances, l'Eternel a visiblement protégé la France. Il est juste alors de léguer aux siècles à venir des Monuments qui attestent ces faits mémorables.

Cette dernière pensée m'a inspiré les cinq Projets de Fontaines que je voudrais voir élevées et consacrées à la Religion chrétienne. Ils me semblent dignes d'être exécutés par un pieux descendant de Saint Louis, de Henri IV et de Louis XIV.

En jetant les yeux sur cet Ouvrage, Votre Majesté verra que j'ai cherché à y réunir les plus belles Actions de nos Rois, à toutes les époques de la Monarchie.

Dans un second Projet de Monument national, j'ai groupé autour d'une grande Colonne, les statues des hommes d'état célèbres, des Ecrivains, des Poëtes et Artistes, qui par leurs chefs-d'œuvre ont immortalisé la France. J'ai joint à ces Projets les dessins de deux Monuments qui seraient dédiés à la gloire de nos Armées contemporaines.

Je serai heureux si ces différents Projets peuvent obtenir de Votre Majesté et de Monseigneur le Dauphin, un regard d'intérêt et de bienveillance.

Feu S. M. l'Empereur Alexandre, de noble mémoire, m'honora, il y a quelques années, d'une marque touchante de l'intérêt que je sollicite aujourd'hui, en agréant la Dédicace de différents Projets de Monuments que j'avais composés pour Saint-Pétersbourg.

Je suis avec le plus profond respect,

De Votre Majesté,

Le très-humble & très-fidèle Sujet,

Carême, de Paris.

PROJETS D'ARCHITECTURE

POUR

LES EMBELLISSEMENTS DE PARIS.

Grande Fontaine du Rédempteur et des Évangélistes.

Grande Fontaine de la Vierge, des Évangélistes et des Orateurs sacrés.

Grande Fontaine de la Religion et des Apôtres.

Grande Fontaine de la Vierge et des Évangélistes.

Grande Fontaine du Christ et des Apôtres.

REMARQUES ET OBSERVATIONS.

L'homme observateur qui voyage dans les grandes capitales du continent doit nécessairement faire des remarques intéressantes sur les mœurs des peuples dont il reçoit de grandes impressions. Les mœurs sont assurément l'ame des nations civilisées : c'est là l'endroit le plus certain pour nous éclairer sur leurs véritables sentiments d'amour à la patrie, à la religion et au souverain.

La capitale de l'Autriche offre l'exemple de cette observation : l'empereur Léopold Ier (en 1667) fit élever sur la place de la Cour une colonne dédiée à la Vierge. Le même monarque fit encore ériger au milieu du Graben un beau monument à la Sainte Trinité. L'empereur Charles VI (en 1732) fit élever sur la place du Haut-Marché un temple consacré à la Sainte Famille.

Ces édifices sacrés imposent un sentiment de vénération aux étrangers, et plus encore aux indigènes. En contemplant ces beaux monuments, je réfléchissais sur la sagesse des princes qui les avaient élevés à la religion, pour imprimer dans l'esprit des peuples et des siècles à venir, les témoignages éclatants des grandes époques où la divinité s'était manifestée en faveur des nations et des rois. Ces monuments sacrés honoreront à jamais la mémoire de leurs augustes fondateurs et des peuples qui les vénèrent. Plus j'ai considéré ces édifices sacrés, et plus j'ai regretté que Paris ne soit pas orné de semblables monuments, pour léguer à la postérité l'époque à jamais célèbre du retour en France de nos rois légitimes. La divinité veillait sur nos princes séparés de la patrie. La puissance de la divinité nous a comblés de toutes ses faveurs en nous rendant l'auguste famille des Bourbons.

Cette noble pensée m'a donc inspiré cette livraison, composée de fontaines toutes consacrées à la religion.

A la vue de ces monuments sacrés, le peuple en recevrait de douces impressions, oui, de douces et salutaires impressions. Ah! si les hommes sont d'accord que ceux qui professent les Belles-Lettres, les Sciences et les Beaux-Arts sont doués de quelque chose de divin : je le demande à tout homme raisonnable, quoi de plus divin que la religion! quoi de plus vénérable que ces orateurs sacrés que l'esprit divin inspire pour apprendre aux rois et aux peuples les préceptes de la sagesse et de la vertu! Qui parla jamais aux souverains le langage de l'auguste vérité, si ce n'étaient les saints ministres de la religion chrétienne? Je veux seulement citer pour autorité ce beau passage extrait de la *Morale de la Bible*, par M. Chaud : « Qui n'a jamais assisté aux leçons augustes que la religion donne « tous les jours aux princes par l'organe de ses ministres? qui n'a pas lu les discours « des orateurs sacrés? Quelle majestueuse simplicité dans l'enseignement des prin- « cipes! quelle force et en même temps quelle douceur dans les exhortations! et « dans les remontrances, quelle franchise à la fois noble et courageuse! Est-il un « philosophe qui, la plume à la main, se soit jamais exprimé avec plus de har- « diesse que Bossuet prêchant au milieu de la cour la plus pompeuse et devant « le monarque le plus jaloux de son pouvoir? en est-il un seul qu'on puisse com- « parer à Massillon tonnant du haut de la tribune évangélique contre l'orgueil « et la corruption des grands? Ces interprètes des saintes lois parlent, il est « vrai, sans aigreur; ils ne mêlent point à leurs préceptes les traits d'une cen-

« sure amère; apôtres de la charité, ils n'emploient jamais l'offense et l'invec-
« tive : faut-il donc insulter les rois pour les instruire? Ah ! si, dans l'égarement
« de leurs passions, les hommes abusent de tout, même des choses les plus
« saintes; et s'ils ont méconnu quelquefois le véritable esprit de la religion, s'ils
« l'ont quelquefois mêlée elle-même dans leurs sanglantes disputes, on ne sau-
« rait lui imputer les maux dont elle n'a été que le prétexte. Elle réprouve l'in-
« justice et la violence; rien n'est plus contraire à la charité que le zèle outré
« du fanatisme : le Dieu des chrétiens est un Dieu de bonté, de clémence et
« de paix! Malheur, malheur à l'homme qui prend le glaive au nom de
« Jésus-Christ! »

PREMIER PROJET.

Grande Fontaine du Rédempteur.

Les angles du monument sont ornés de quatre socles, sur lesquels s'élèvent les Évangélistes saint Jean, saint Luc, saint Marc et saint Matthieu; le soubassement de l'édifice est décoré de quatre bas-reliefs (de 11 pieds de largeur sur 5 et demi de hauteur) représentant les grandes époques de la vie du Sauveur des hommes. Au-dessus de ces bas-reliefs s'élèvent douze colonnes de l'ordre mauresque : elles forment un temple carré, au milieu duquel on distingue la Religion personnifiée; et sur le dôme du monument, un groupe de nuages sur lesquels sont posés des chérubins qui entourent les pieds du Rédempteur des chrétiens.

Élévation, 75 pieds sur 45 de diamètre.

DEUXIÈME PROJET.

Grande Fontaine de la Vierge, des Évangélistes et des Orateurs sacrés.

Le soubassement de l'édifice est ceint de bœuf et de lion, emblème de la force et de la clémence. Le premier bassin est décoré de huit bas-reliefs retraçant les stations; au-dessus s'élèvent huit statues représentant quatre de nos grands orateurs sacrés, Bossuet, Massillon, Fénélon et Fléchier; et, sous la figure de femme, sont représentées les vertus chrétiennes, la Religion, la Foi, l'Espérance et la Charité : ces figures décorent les façades d'un temple carré dont les colonnes sont de l'ordre mauresque. La statue de la Vierge s'élève au-dessus de l'édifice.

Élévation, 95 pieds sur 60 de diamètre.

TROISIÈME PROJET.

Grande Fontaine de la Religion et des Apôtres.

Douze coupes jaillissantes décorent le pied du monument; au-dessus s'élèvent les statues des Apôtres : une colonne s'élève du milieu de ces figures; la Religion en fait le couronnement. Des nuages entourent la colonne; des anges sont posés dessus, annonçant aux faibles mortels l'éternité, séjour de l'immortalité de l'ame.

Élévation, 90 pieds sur 50 de diamètre.

QUATRIÈME PROJET.

Grande Fontaine de la Vierge et des Évangélistes.

Le plan de ce monument est octogone; quatre de ses façades sont occupées par les Évangélistes. Des coupes, formant cascade, décorent les autres façades. Au-dessus de ce groupe de figures et de fontaines jaillissantes s'élèvent des anges représentant les vertus chrétiennes. Au-dessus d'un temple circulaire s'élève la statue de la Vierge foulant aux pieds l'emblème du péché.

Élévation, 92 pieds sur 55 de diamètre.

CINQUIÈME PROJET.

Grande Fontaine du Christ et des Apôtres.

Le pied du monument forme la croix grecque. Le premier bassin est orné de douze bas-reliefs représentant les stations du Sauveur. Des coupes jaillissantes décorent les quatre façades. Au-dessus s'élèvent les douze Apôtres, groupés par trois; puis une grande colonne dont le chapiteau forme tombeau, voulant exprimer la résurrection du Rédempteur des hommes. La statue du Christ fait le couronnement de l'édifice.

Élévation, 85 pieds sur 55 de diamètre.

Les places de Notre-Dame et de Sainte-Geneviève pourraient être également décorées de l'une de ces fontaines consacrées à la Religion. Si l'on trouvait que ces projets fussent par trop colossals, on pourrait les réduire d'un cinquième; mais, je le répète encore, les monuments qui doivent avoir une grande destination doivent être imposants, du moins telle est notre opinion sur l'architecture nationale.

REMARQUES ET OBSERVATIONS.

En publiant ce second et dernier recueil de dessins, c'est faire mes adieux à l'architecture; mais mon intention a été de dévoiler aux artistes d'autres projets de monuments, dignes d'occuper leurs loisirs et leurs talents. Ces projets, j'ose le dire, m'ont été comme inspirés du ciel dans deux songes que je fis, et où j'ai comme conçu la pensée d'un grand ouvrage d'architecture fait pour honorer notre belle France.

Ce nouveau recueil serait intitulé : *Projets de tombeaux monumentaux à ériger à la mémoire des grands hommes qui ont illustré la France;* et pour le complément de ce grand œuvre, nos artistes devraient également projeter des tombeaux à la mémoire des hommes célèbres des nations européennes et des hommes illustres de l'antiquité de l'Asie et de l'Afrique.

Ah! que de grandes idées à développer dans ce que je vois! que de belles et superbes choses à créer! que de riches détails à prendre dans l'architecture ancienne et moderne de l'Asie, de la Chine, de l'Indostan, de la Perse, de la Syrie, de la haute et basse Égypte, de la Grèce, de l'Italie, de la France et du reste de l'Europe! Oui, si j'avais pu me livrer à la composition de ces projets, j'aurais voulu que chaque monument eût reproduit, par son ensemble et ses détails, le genre de production de chaque grand homme en particulier.

Pour les poètes, j'aurais, par d'imposants bas-reliefs, rappelé leurs poëmes immortels : L'Iliade, l'Énéide, la Jérusalem, la Henriade, enfin tous les poëmes m'auraient servi de guides. Pour les Raphaël et les Lesueur, des monuments eussent reproduit leurs divins ouvrages! aux Michel-Ange, aux Pujet, des groupes de marbre représentant leurs célèbres travaux ; aux Palladio, aux Jules Mansard, de grands et imposants détails d'architecture rappelant leurs grandes productions; aux grands capitaines, de grands trophées militaires; aux navigateurs célèbres, des monuments décorés de leurs découvertes et combats, et ainsi des grands hommes en général!

Ah! je le répète, si j'avais pu me livrer à la noble profession d'architecte, j'aurais voulu profiter des lumières de tous les âges pour enrichir ma belle patrie de monuments vraiment français; j'aurais surtout emprunté des Égyptiens la grandeur colossale de leur mâle et imposante architecture; et, fixant mon goût d'après les beaux monuments de la Grèce et de l'Italie, j'aurais donc voulu m'emparer de toutes ces grandes choses et ne ressembler à personne. Le génie de l'architecture nationale doit avoir son type de grandeur et d'originalité.

Si, par exemple, j'avais eu le bonheur d'être encouragé dans nos temps modernes, lors de nos triomphes militaires, ou par un ministre tel que Colbert, lors des victoires de Louis XIV, j'aurais voulu voir s'élever dans Paris un pont triomphal, unique sur la terre; ce genre de monument me semble le plus beau que l'on puisse ériger à la gloire d'une grande nation.

Aucune place publique, telle vaste qu'elle puisse être, ne peut offrir les mêmes résultats, tandis qu'un pont s'aperçoit d'un bout de la capitale à l'autre, et particulièrement les rives de la Seine, qui sont si imposantes et si vivantes : et quelle place plus convenable que celle occupée par le Pont-Neuf? J'eusse donc voulu voir démolir ce monument d'antique construction, ainsi que ces vilaines maisons qui sont autour de la place Dauphine, jusqu'à la rue du Harlay; à partir de cette même rue, j'eusse voulu voir rebâtir d'élégantes maisons formant une belle colonnade demi-circulaire; et au milieu de cette nouvelle place se serait élevée une grande fontaine consacrée au Commerce. En face de ce monument, sur le terre-plein du Pont-Neuf, un grand temple circulaire se serait élevé : ce temple, dédié à la gloire de nos armées, eût été ceint de douze colonnes de marbre blanc, de 45 pieds de hauteur; entre chaque colonne j'aurais placé la statue colossale de nos grands capitaines anciens et modernes.

Du milieu du dôme se serait élevé un second temple, dédié à la Paix, dont la statue eût occupé le centre; et au-dessus de ce temple la statue du Génie de l'Amour de la *Patrie*. Ce grand monument eût été élevé sur un soubassement de 15 pieds de hauteur; à partir de la porte latérale, il eût reçu un grand bas-relief circulaire, représentant les actions mémorables de nos marins célèbres.

L'intérieur du temple eût été également décoré de douze colonnes de marbre blanc; entre chacune d'elles j'eusse placé un piédestal surmonté de la statue des rois qui ont illustré la France; à droite et à gauche de ces statues royales, j'eusse placé encore des couronnes de laurier, dans lesquelles j'eusse inscrit en lettres d'or les noms des braves militaires morts en défendant la patrie.

Du milieu du temple se serait élevé un autel consacré à la Religion, pour les *Te Deum* chantés dans les grandes solennités en action de graces au Dieu de nos pères.

Sur le fût de chaque colonne eussent été groupés en trophée les drapeaux conquis sur les ennemis de la France; sur le fronton de la porte du temple on aurait lu cette inscription en lettres d'or : *Honneur, Patrie*, Gloire française, Gloire immortelle!

Le soubassement de ce grand monument, venant se baigner dans la Seine, eût été entouré de masses de rochers inaccessibles; des torrents d'eau se seraient précipités en formant d'imposantes cascades. Enfin j'aurais voulu placer sur ces rochers trois pièces de canon de vingt-quatre; et chaque jour, à six heures du matin, trois fois trois coups de ces pièces d'artillerie eussent été tirés pour annoncer au grand peuple l'heure du travail.

Pour les détails du pont, le fût de chaque pile des arches eût représenté en saillie une colonne de l'ordre égyptien, dont les beaux chapiteaux à grandes palmes eussent porté d'élégants trophées composés de nos armes guerrières, depuis Clovis jusqu'à nos jours.

Maintenant, je le demande aux hommes dont l'ame est élevée : quel effet imposant n'eût point produit un tel ensemble de monuments triomphaux sur l'esprit de la nation française, si belliqueuse, si magnanime, si amoureuse de la gloire! Les regards de l'étranger n'auraient pu s'empêcher de rendre hommage à la grande nation!

En même temps que ces grands travaux se seraient opérés, j'eusse voulu voir l'achèvement du palais du Louvre. Notre célèbre Bibliothèque Royale eût été réunie à ce palais, sanctuaire des Beaux-Arts. La place du Carousel achevée, au milieu, j'aurais voulu voir s'élever une vaste colonnade circulaire ayant une coupole en vitrage et devant servir d'orangerie royale et de promenade d'hiver.

L'église de Sainte-Geneviève et celle de la Madeleine eussent été achevées; et pour le complément de tant de choses extraordinaires, il eût fallu entreprendre et achever la Grande rue Royale, projetée depuis le Louvre jusqu'à la Fontaine de l'Éléphant, telle que j'ai consacré ce monument pour être érigé à la gloire de l'expédition de l'armée française en Égypte.

Nos places publiques embellies par d'imposantes fontaines, nos barrières terminées, nos abattoirs, nos halles, nos marchés, et surtout nos rues débarrassés de ces sales ordures qui font la honte de la nation française, puis des trottoirs semblables à ceux de la capitale de l'Autriche:

Voilà ce que Paris pouvait devenir lors de nos conquêtes; nous avions des bras, des artistes capables de toutes ces grandes choses; et si ces grandes constructions et embellissements eussent coûté des millions à la France, Paris devenait la plus belle ville du monde, et ces sommes d'argent restées chez nous devaient alimenter toutes les branches du commerce et de l'industrie nationale.

Toutes ces grandes choses m'ont détourné, malgré moi, de mes projets de tombeaux.

En 1814, lorsque la paix fut rétablie en Europe, le désir de voir l'Angleterre me conduisit à Londres. Une chose qui m'a surpris, étonné, ce fut de voir la Tamise et ses innombrables vaisseaux marchands. Là se trouve la splendeur du commerce de la Grande-Bretagne, et je réfléchissais tristement sur la navigation de la capitale de la France: ah! combien alors je regrettais et combien je regrette encore que le Mécène français, que Colbert enfin n'eût pas songé, en faisant exécuter le beau canal du Languedoc, que la main de l'homme tout-puissant aurait sans doute aussi rendu la Seine navigable, pour y faire remonter de Rouen nos navires marchands. Ce grand travail me paraît possible, lorsque l'on pense aux grandes choses créées par les peuples de l'antiquité. Enfin, après avoir vu tout ce que Londres possède de remarquable, je revins dans ma patrie, riche de mes observations et remarques. Mais le jour où j'avais été voir l'intérieur de la superbe église de Westminster, j'éprouvais un sentiment d'admiration en contemplant ces mausolées des grands hommes placés auprès des tombeaux des rois. O groupe immortel de sculpture, recevez un hommage public de mon admiration! Et toi, heureuse et riche capitale des trois Royaumes, je t'admire encore, et je gémis sur la perte de notre Musée, de nos grands hommes et de nos rois! Le jour de cette visite à Westminster, rendu chez moi, je ne pouvais m'empêcher de réfléchir sur le Musée des monuments français, comparativement à ceux que je venais de voir : je fus alors occupé de mille projets d'architecture et de sculpture; et le reste de cette journée se passa dans cette profonde méditation de l'ame, lorsque notre esprit se trouve frappé par de grandes impres-

1er Projet — Grande Fontaine du Rédempteur et des Évangélistes.

Grande Fontaine de la Religion et des Apôtres

Grande Fontaine de la Vierge et des Évangélistes.

Grande Fontaine du Christ et des Apôtres

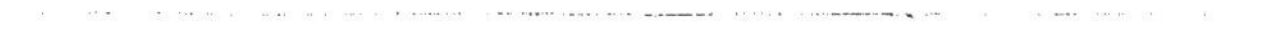

www.ingramcontent.com/pod-product-compliance
Ingram Content Group UK Ltd.
Pitfield, Milton Keynes, MK11 3LW, UK
UKHW021159230726
13926UKWH00001B/187